U0801228

上海市工程建设规范

城市综合交通规划技术标准

Technical standard for urban comprehensive transport planning

DG/TJ 08—2039—2021
J 15567—2021

主编单位:上海市城乡建设和交通发展研究院
批准部门:上海市住房和城乡建设管理委员会
施行日期:2021 年 7 月 1 日

同济大学出版社

2021　上海

图书在版编目(CIP)数据

城市综合交通规划技术标准/上海市城乡建设和交通发展研究院主编. —上海：同济大学出版社，2021.7

ISBN 978-7-5608-9132-3

Ⅰ.①城… Ⅱ.①上… Ⅲ.①城市规划-交通规划-上海-技术标准 Ⅳ.①TU984.191-65

中国版本图书馆 CIP 数据核字(2021)第 113570 号

城市综合交通规划技术标准

上海市城乡建设和交通发展研究院 **主编**

策划编辑 张平官

责任编辑 朱 勇

责任校对 徐春莲

封面设计 陈益平

出版发行 同济大学出版社 www.tongjipress.com.cn

(地址:上海市四平路 1239 号 邮编：200092 电话:021 - 65985622)

经 销 全国各地新华书店

印 刷 浦江求真印务有限公司

开 本 889mm×1194mm 1/32

印 张 1.875

字 数 50 000

版 次 2021 年 7 月第 1 版 2021 年 7 月第 1 次印刷

书 号 ISBN 978-7-5608-9132-3

定 价 20.00 元

上海市住房和城乡建设管理委员会文件

沪建标定〔2021〕9 号

上海市住房和城乡建设管理委员会
关于批准《城市综合交通规划技术标准》
为上海市工程建设规范的通知

各有关单位：

由上海市城乡建设和交通发展研究院主编的《城市综合交通规划技术标准》，经我委审核，现批准为上海市工程建设规范，统一编号为 DG/TJ 08—2039—2021，自 2021 年 7 月 1 日起实施。原《上海市城市交通规划编制技术标准》（DG/TJ 08—2039—2008）同时废止。

本规范由上海市住房和城乡建设管理委员会负责管理，上海市城乡建设和交通发展研究院负责解释。

特此通知。

上海市住房和城乡建设管理委员会

二〇二一年一月七日

前　言

根据上海市建设和交通委员会《关于印发〈2014 年上海市工程建设规范和标准设计编制计划〉的通知》(沪建交〔2013〕1260 号)的要求,编制组认真总结实践经验,广泛参考国家、行业和本市相关文献和资料,在研究分析上海历次综合交通规划基础上,征求相关专家意见,修订了本标准。

本标准的主要内容包括:总则;术语;综合交通规划;特定区域交通规划。

本标准修订的主要技术内容是:①根据国家最新标准,补充和完善了城市综合交通规划的相关内容,更新和规范了相关表述;②新增了综合交通与城市空间布局、城市交通体系协调、规划实施评估、交通信息化、规划实施和保障措施等相关内容;③修改完善了对外交通规划、道路和公路系统规划、公共交通系统规划、客运枢纽系统规划、步行与非机动车交通系统规划、停车系统规划、货运交通系统规划的相关内容;④修改完善了特定区域交通规划的相关内容。

各有关单位和人员在本标准执行过程中,如有意见和建议,请反馈至上海市交通委员会(地址:上海市世博村路 300 号 1 号楼;邮编:200125;E-mail:shjtbiaozhun@126.com),上海市城乡建设和交通发展研究院(地址:上海市宛平南路 75 号 16 楼;邮编:200032;E-mail:18257695@qq.com),或上海市建筑建材业市场管理总站(地址:上海市小木桥路 683 号;邮编:200032;E-mail:shgcbz@163.com),以供今后修订时参考。

主　编　单　位:上海市城乡建设和交通发展研究院

主要起草人:陈必壮　顾　煜　薛美根　王忠强　龙　力

黄　臻　曾胜男　聂　磊　黄　欣

主要审查人：陆锡明　蔡逸峰　张　宇　董明峰　徐　健

李　青　张天然　沈忆程

上海市建筑建材业市场管理总站

目　次

Contents

1 总 则

1.0.1 为了科学、合理地编制城市交通规划，促进交通与城市用地布局的协调发展，推动上海与长三角区域一体化发展，根据国家和本市的有关规定，制定本标准。

1.0.2 本标准适用于本市各类城市规划中城市综合交通规划编制和专项城市综合交通规划的编制。

1.0.3 交通规划是城市规划的重要组成部分，应与城市规划同步编制，并与城市规划互相协调，指导城市专项交通规划和城市详细规划的编制。城市规划发生重大调整时，应同步进行相应的交通规划调整，没有编制交通规划内容的城市规划应按本标准补充编制交通规划相关内容。

1.0.4 市域、区级层面综合交通规划应按照本标准，明确交通发展战略和目标，对外（尤其与长三角地区联系）和内部骨干交通体系的布局方案；主城片区、新城、新市镇、特定区域层面综合交通规划可按本标准执行，并结合单元规划，明确交通体系规划原则、发展方向和规划方案。

1.0.5 编制交通规划应符合各类城市规划的要求：

1 全市、区级等各层次国土空间总体规划编制时，应同步编制综合交通规划，并根据具体情况确定规划内容。

2 郊区各区国土空间总体规划应编制区级综合交通规划，重点解决区内、郊区各功能组团之间以及与中心城之间三个层次的交通系统规划，考虑对外交通的直接联系，并与全市综合交通规划所确定的规模和功能一致。新城应根据城市发展要求，编制新城综合交通规划。

3 规划常住人口规模 3 万人以上的新市镇，应在区域综合交通规划的指导下，编制新市镇交通规划。

4 交通敏感的特定区域，在编制控制性详细规划时应同步编制交通规划。

1.0.6 上海市交通规划编制除应执行本技术标准的规定外，尚应符合国家、行业和本市现行有关标准的规定。

2 术 语

2.0.1 出行 trip

行驶距离 400 m 及以上，或步行时间 5 min 及以上，运用城市公共市政设施(城市道路与公路设施、公共交通设施等)，实现某一主要目的的单向出行活动，称为一次出行。

2.0.2 交通模式 transport mode

各种交通方式所承担的出行量分配比例。

2.0.3 客运枢纽 passenger transfer hub

不同交通方式或同一交通方式提供乘客集散、衔接的场所。

2.0.4 绿色交通 green transport

客货运输中，按人均或单位货物计算，占用城市交通资源和消耗的能源较少且污染物和温室气体排放水平较低的交通活动或交通方式。如采用步行、自行车、集约型公共交通等方式的出行。

2.0.5 市域(郊)铁路 suburban railway

利用既有铁路或新修建铁路线路，连接城市市区与郊区以及连接城市周围几十千米甚至更大范围的城市圈，服务居民通勤、生活、商务等出行活动的铁路运输系统。以中、长距离乘客出行为主体，也可作为重要交通枢纽的集疏运方式之一。

2.0.6 中运量公交系统 medium-volume public transit system

中运量公交系统为系统运能介于常规公共汽(电)车和城市快速轨道交通之间的公交系统，一般中运量系统运能为 5 000 人次/h～20 000 人次/h，主要服务于中心城区内部次要客运走廊和新城内部主要走廊。如快速公交(BRT)、现代有轨电车等。

2.0.7 辅助型公共交通 paratransit

满足特定人群个性化出行需求的城市公共交通方式。如班车、校车、定制公交、出租车、共享自行车以及越江轮渡等。

2.0.8 公共汽(电)车线网 normal transit route

由行驶于道路上的公共汽车、无轨电车线路构成的网络。

2.0.9 公交线网密度 transit network density

每平方公里城市用地面积上有各类公共交通线路(不含轨道交通)经过的道路中心线长度(不包含重复系数产生的道路长度),单位为 km/km^2。

2.0.10 公共交通站点覆盖率 transit station/stop service rate

各类公共交通(公共汽车、电车、轨道交通、快速公交等)站点覆盖率是指各类公共交通站点在一定服务范围内所覆盖的面积占区域总面积的比重;公共交通站点人口、岗位覆盖率指的是各类公共交通站点在一定服务范围内人口数、就业岗位数占区域内总人口数、总就业岗位数的比重。

2.0.11 公共停车场库 public parking

为社会公众(不确定对象)停放车辆而设置的免费或收费的停车场库。

2.0.12 配建停车场库 required parking

居住区、公共建筑物等为满足自身(确定对象)停车需求,在所属地块内设置的停车场库。

2.0.13 停车换乘 park and ride

将自驾车存放后,改乘公共交通工具到达目的地的交通方式。

2.0.14 非机动车 non-motorized vehicle

以人力驱动,允许在城市道路上行驶的交通工具。虽有动力装置驱动但设计最高时速、空车质量、外形尺寸符合国家有关标准的电动自行车、残疾人机动轮椅车等交通工具也归入此类。

2.0.15 特定区域 detailed special area

由市规划管理部门认定,规划范围达到一定面积,必须开展交通规划编制的区域。主要包括特定政策区、公共活动中心、大型交通枢纽等。

2.0.16 城镇圈 urban/town circle

根据《上海市城市总体规划(2017—2035年)》,城镇圈是按照30~40分钟交通出行时间,以一个或多个城镇(新城或新市镇)为核心,按照居民交通出行的活动规律,有效配置公共服务资源,集就业、生活、服务为一体,范围覆盖若干个建制镇或街道。

3 综合交通规划

3.1 一般规定

3.1.1 城市综合交通（简称为“城市交通”）应包括城市内部交通和城市对外交通，按照城市综合交通的服务对象应划分为城市客运与货运交通。

3.1.2 城市综合交通体系规划的范围与年限应与国土空间总体规划一致。

3.1.3 城市综合交通体系规划应包括下列内容：

1 交通调查与分析。

2 综合交通与城市空间布局。

3 交通战略与需求预测。

4 城市交通体系协调。

5 规划实施评估。

6 对外交通规划。

7 道路、公路系统规划。

8 公共交通系统规划。

9 客运枢纽系统规划。

10 步行与非机动车系统规划。

11 停车系统规划。

12 货运系统规划。

13 交通管理。

14 交通信息化。

15 规划实施与保障措施。

新城、新市镇、特定区域层面综合交通规划应根据单元规划要求，深化相关规划内容。

3.1.4 城市综合交通体系必须优先发展绿色、集约的交通方式，引导城市空间合理布局和人与物的安全、有序流动，充分发挥市场在交通资源配置中的作用，保障城市交通的效率与公平，支撑城市经济社会活动正常运行。

3.1.5 城市交通应与城市空间布局、土地使用相互协调，城市综合交通的各子系统之间，以及城市内部交通与城市对外交通之间应在发展目标、发展时序、建设标准、服务水平、运营组织等方面进行协调。

3.1.6 城市综合交通体系的规划应符合城市不同发展分区的发展特征和发展阶段，并应符合下列要求：

1 城市新的发展区域的交通规划应充分满足城市发展的需求，并充分考虑城市发展的不确定性。设施建设基本完成的城市建成区的交通规划应以优化交通政策，改善步行、非机动车和公共交通，以及优化交通组织为重点。

2 应能适应规划期内城市不同发展阶段空间组织的要求。

3 应符合城市不同发展分区的交通特征。

4 应为符合城市发展战略的新型交通方式提供发展条件。

3.1.7 远期规划应明确规划目标。包括道路系统总长度规模、各级别道路网络规模、道路网容量（车公里）、道路车速水平、公共交通承担的客运比重、轨道交通的线网规模及承担客运比重、停车场建设规模等。

3.1.8 近期规划应确定近期建设内容。包括对外交通、轨道交通、公共汽（电）车、公交场站、道路系统、交通枢纽、停车、非机动车系统等建设重点、发展规模、空间分布和实施时序等内容。

3.1.9 城市综合交通体系应符合城市的经济社会发展水平，在经济和财务上可持续，并应对重大交通基础设施的远景发展进行布局规划和用地控制。

3.1.10 城市综合交通体系规划必须符合城市防灾减灾的相关要求。

3.1.11 城市综合交通体系规划应与国土空间总体规划同步编制、修改与评估，其主要内容纳入国土空间总体规划。规划过程中，应加强公众参与。

3.2 交通调查与分析

3.2.1 综合交通规划应以相关资料和交通调查为依据，交通调查应有合理的调查方案，调查的内容根据需要确定，应涵盖城市综合交通所涉及的各种交通方式、各类交通设施。现状分析和交通模型建立应采用5年内的交通调查资料。

3.2.2 调查抽样率应借鉴国内外城市交通调查经验，按照现行标准，结合上海市综合交通调查经验以及地区交通发展情况综合确定。全市居民出行调查抽样率不宜低于0.5%；新城和新市镇居民出行调查抽样率不宜低于1%。

3.2.3 应充分利用大数据应用手段和相关部门信息平台数据，包括手机信令、车牌识别、车辆定位、轨道交通AFC系统、公交卡等多源数据信息，获取调查数据，并对调查结果进行补充和校验。

3.2.4 中心城以外的综合交通规划应针对地区交通特征制定相应的交通调查，新市镇交通调查的重点是新市镇与中心城之间、新市镇与新城之间、新市镇相互之间的出行特征调查。应注重区、特定区域等调查的统一协调。

3.2.5 综合交通规划应建立交通需求分析模型进行定量分析。边界条件应与国土空间总体规划确定的内容一致；模型所采用的参数应通过调查数据标定；模型精度必须保证规划控制指标计算的精确度。

3.2.6 交通调查分析和交通需求分析模型应按照现行国家标准《城市综合交通调查技术标准》GB/T 51334和《城市综合交通体

系规划标准》GB/T 51328 执行，主要内容如下：

1 调查数据的统计分析和综合校验分析。

2 居民出行生成模型的建立或更新。

3 居民出行、车辆出行分布模型的建立或更新。

4 出行方式划分模型的建立或更新。

5 道路网络的建立或更新。

6 道路交通量分配与道路网络分析。

7 公交网络的建立、更新。

8 公交客流量分配与公交网络分析。

9 货运交通模型的建立、更新。

涉及都市圈和长三角区域的相关交通规划，应增加长三角区域交通模型的相关内容。

3.3 综合交通与城市空间布局

3.3.1 城市综合交通体系应与城市空间布局协同规划，通过用地布局优化引导城市职住空间的匹配、合理布局城市各级公共与生活服务设施，将居民出行距离控制在合理的范围内。

3.3.2 城市综合交通体系应与城市规划互相协调，促进和引导城市空间布局与优化。应协调交通系统在承载城市活动、引导城市集约高效开发、塑造城市特色风貌、提升城市环境质量等方面的功能，并应符合下列规定：

1 综合交通网络布局应与城市空间结构、交通走廊分布契合。

2 城市公共交通骨干系统应串联城市活动联系密切的城市功能地区。

3.3.3 应利用城市公共交通引导城市开发，依托城市公共交通走廊、城市客运交通枢纽布局引导城市的高密度开发。城市综合交通设施与服务应根据土地使用强度差异化提供，城市土地使用高强度地区应提高城市道路与公共交通设施的密度，加强步行与非机动车交通空间保障。

3.3.4 城市建成区的更新，交通系统规划与建设应符合以下规定：

1 城市更新的规模与用途应与交通系统承载力相适应。

2 优先落实规划预留的各类交通设施及空间。

3 结合街区改造，确定道路等级和密度要求。

4 提升优化步行、城市公共交通与非机动车交通空间。

5 完善城市货物配送的交通设施及空间。

3.3.5 受自然环境条件、用地条件、设施条件等因素影响，易发生交通拥堵的城市交通瓶颈地区，交通系统规划与建设应符合以下规定：

1 控制穿越交通瓶颈的交通总量。

2 充分考虑城市远景发展规划，做好设施间协调与预留控制。

3 穿越交通瓶颈的通道必须优先保障公共交通、应急交通路权。

4 通过通道设施布局、交通方式的多样性，提高穿越交通瓶颈的交通系统可靠性。

3.4 交通战略与需求预测

3.4.1 城市综合交通体系规划应提出城市交通总体发展战略，根据城市社会经济发展和城市发展目标，优化选择交通发展模式，确定交通发展与市域城镇布局、城市土地使用的关系，制定综合交通体系发展总体目标，以及对外交通(包括长三角区域交通)、市域交通、主城区交通、中心城交通、新城交通、新市镇交通等发展目标和交通方式结构，对不同交通方式的功能进行定位，提出交通发展政策和策略。

3.4.2 交通需求预测应包括人口与就业岗位增长、经济发展、机动车拥有量、出行方式、出行总量及分布和对外交通量等预测。

3.4.3 交通需求预测应针对不同规划年限的交通发展规模和方式，确定不同交通方式的功能和地位，市域、主城区、中心城、新城的综合交通规划应重点明确小汽车与公共交通的发展关系。

3.4.4 综合交通规划应合理确定不同区域、不同时段的交通模式，确定轨道交通、中运量公交、公共汽（电）车、出租车、小汽车、非机动车、停车等的发展政策，并对城市交通设施的建设和配置标准提出建议。

3.4.5 新城、新市镇的综合交通规划应对新城（或新市镇）与中心城之间、新城（或新市镇）之间交通模式、发展时序进行明确。

3.4.6 依据城市综合交通体系总体发展目标和交通资源配置策略，统筹城市综合交通体系功能组织，提出规划布局原则和要求。

3.5 城市交通体系协调

3.5.1 城市交通体系协调对象为城市各交通子系统，主要包括城市对外交通、城市公共交通、小客车等个体机动化客运交通方式，步行、自行车等非机动化客运交通方式，以及机动化与非机动化货运交通方式。

3.5.2 城市综合交通体系规划应根据城市不同地区的交通特征，差异化确定综合交通体系内不同交通方式的功能定位、优先规则、组织方式和资源配置。

3.5.3 城市对外交通系统要协调与城市交通系统的衔接关系，明确大型对外交通设施的选址依据和布局原则。

3.5.4 城市客运交通体系应优先保障步行、城市公共交通和自行车等绿色交通方式的运行空间与环境，引导小客车等个体机动化交通方式有序发展、合理使用。

3.5.5 城市综合交通体系应通过交通政策、服务价格、空间分配和系统组织，协调各种交通方式的运行和各种交通工具的停放。停车设施的供给应结合城市交通网络承载能力和运行状态、区位和用地功能等因素差异化确定。

3.5.6 城市宜根据产业发展和客货运交通组织要求协调城市货运通道和物流场站布局，加强不同方式货运系统之间的协作，提高运输效率。货运交通组织应与客运交通适度分离，主要货运线路不应穿越城市中心区和居住区等客流密集地区。

3.6 规划实施评估

3.6.1 城市综合交通体系规划的编制和实施计划制订，应进行城市综合交通体系规划的实施评估，并应以城市综合交通体系规划的实施评估结论为依据。

3.6.2 城市综合交通体系规划实施评估应采取定量与定性相结合的方法，对城市综合交通的发展目标、策略、政策，城市的空间布局与交通系统协调、城市内部交通与城市对外交通协调、综合交通组织与协调，交通设施投资与建设、交通系统运行与管理以及重大建设项目等方面进行评估，并对规划编制与实施提出建议。

3.6.3 评估内容包括实施进度、实施效果和外部效益等方面，并应符合以下规定：

1 实施进度评估应评估综合交通体系各组成部分的规划实施进度与协调性。

2 实施效果评估应评估规划实施后城市空间的布局调整、居民出行特征、交通系统的运行效果、财政可持续能力等与规划预期的关系以及区域交通一体化实施效果。

3 外部效益评估应评估规划实施对城市经济发展、土地使用、社会与环境可持续等方面的外部影响。

3.7 对外交通规划

3.7.1 对外交通规划应在明确不同交通方式功能定位的基础上，整合各专业部门的规划，与市内交通规划有效衔接，构筑高效的多式联运体系，实现对外交通与市内交通的充分整合，并与区域城市发展规划相协调，符合长远发展要求。

3.7.2 对外交通规划应进行需求预测，包括进出本市的铁路、公路、航空、水路客货运量预测。

3.7.3 市域内对外交通通道、对外客运枢纽和城乡客运设施的布局应符合市域城镇发展要求。

3.7.4 承担城市通勤交通的对外交通设施，其规划与交通组织应符合城市交通相关标准及要求，并与城市内部综合交通体系统一规划。

3.7.5 对外交通枢纽应按交通功能分为对外交通客运枢纽和对外交通货运枢纽，并分开设置。

3.7.6 对外交通枢纽应与城市交通枢纽结合，加强交通转换功能，配套设置集疏运系统。

3.7.7 对外交通走廊布局相同走向的铁路、公路线路宜集中设置。

3.7.8 大型机场宜与城际铁路、市域铁路、轨道交通衔接。应规划城市公共汽(电)车、出租汽车、机场专线巴士等衔接设施，并宜设置城市航站楼。

3.7.9 大型货运港口应优先发展铁路、水路集疏运方式，加强与沿海、沿江港口的水水中转。为客运港口配套的公共交通枢纽、公路客运站等交通枢纽宜与客运港口结合设置。

3.7.10 宜根据港口运输特征的变化和城市发展状况适时调整港口功能，协调港口与城市建设的关系。

3.7.11 与铁路部门协调，做好铁路通道规划(含干线铁路、城际铁路等)，应综合考虑线路功能与等级、市域城镇布局、城市空间布局与沿线城市用地开发、环境保护要求等，合理布局线路，确定车站位置，确保铁路线路与场站设施的用地控制。

3.7.12 铁路客运站应根据城市空间布局和对外联系方向均衡布局。铁路主要客运站宜设在城市中心城区内，应靠近中心城镇和城市主要中心设置；承担城市通勤的铁路，其车站布局应与城市用地结合，并应满足城市交通组织的要求。

3.7.13 铁路货运场站应与城市产业布局相协调，与公路、港口等货运枢纽结合设置；编组站、动车(段)等设施一般应设置在中心城区边缘或之外，符合城市布局要求。

3.7.14 对外公路系统规划应考虑市内交通与区域交通的合理分流与衔接，并与城市空间布局相协调，干线公路应与城市主干路及以上等级的道路衔接。

3.7.15 毗邻公交应与苏浙沪公共客运体系相协调，毗邻公交线路宜与轨道交通、城市公交线路衔接换乘。

3.8 道路、公路系统规划

3.8.1 道路系统规划应根据城市和功能区域布局，在远期规划的交通需求总量和出行分布预测的基础上，确定道路网络总体规模与等级配比和布局形态，确定道路功能和规划控制指标。

分区域和功能区的道路网络规划指标应按表 3.8.1-1 和表 3.8.1-2 执行。

表 3.8.1-1 建成区道路网密度规划指标参考值

类别 区域	干道网(km/km^2)
主城区	1.5～1.9
新城(建成区)	1.3～1.8
新市镇(建成区)	1.5～2.2

表 3.8.1-2　不同功能区的街区尺度推荐值

类别	街区尺度(m)		路网密度(km/km²)
	长	宽	
居住区	≤300	≤300	≥8
商业区与就业集中的中心区	100～200	100～200	10～20
工业区、物流园区	≤600	≤600	≥4

注:工业区与物流园区的街区尺度根据产业特征确定,对于服务型园区,街区尺度应小于 300 m,路网密度应大于 8 km/km²。

3.8.2　道路系统规划应对干道网进行论证,提出快速路、主干路、次干路等不同层次道路系统的规划方案(表 3.8.2)。

表 3.8.2　城市道路功能等级划分与规划要求

分类	功能说明	双向车道数(条)	红线宽度(m)	设计速度(km/h)	高峰小时服务交通量推荐(双向 pcu)
快速路	为城市长距离机动车出行提供快速交通服务	4～8	25～40	60～100	2 400～12 000
主干路	为城市分区(组团)间的中长距离联系交通以及分区(组团)内部主要联系交通服务	4～8	40～50	40～60	1 000～5 600
次干路	为干线道路和支线道路的转换以及城市内中、短距离的地方性活动组织服务	2～4	20～35	30～50	300～2 000
支路	为短距离地方性活动服务	≤2	≤20	≤30	—

注:此处快速路红线宽度及车道数不包含辅道。

3.8.3　干线道路系统应互联互通,次干路与支线道路布局应符合不同功能地区的城市活动特征。

3.8.4　道路系统规划应体现土地资源节约原则,道路的红线宽度应优先满足城市公共交通、步行与非机动车交通通行空间的布设要求。

3.8.5 除满足道路功能外，城市道路须反映城市风貌、城市历史和文化传统，为地上、地下工程管线和其他市政公用设施提供空间，满足城市救灾避难等的要求。

3.8.6 承担集散功能的次干路、支路系统应保障步行、非机动车和城市街道活动的空间，避免引入大量通过性交通。

3.8.7 公路系统规划是根据城市和功能区域布局，在远期规划的交通需求总量和出行分布预测的基础上，确定公路网络总体规模与等级配比和布局形态，确定公路功能和规划控制指标。

3.8.8 公路系统规划应对干线公路系统进行论证，提出干线公路等不同层次公路系统的规划方案，并对立体交叉、桥隧（含高架）进行规划控制。

3.8.9 与城市道路衔接的公路应综合考虑城市相应功能，与城市道路融合。

3.8.10 进入主城区、城区内的公路，横断面除满足对外交通需求外，还应考虑步行、非机动车和城市公共交通的通行要求。

3.9 公共交通系统规划

3.9.1 公共交通系统规划编制时，应提出总体发展目标及各子系统发展目标，包括轨道交通系统规划、中运量公交系统规划、公共汽（电）车规划、辅助型公共交通规划（如校车、定制班车、出租车、共享自行车、越江轮渡等）；公共汽（电）车规划包括常规公交线网、车辆规模与场站规划、公交专用道系统规划等。

3.9.2 轨道交通系统（包括市域线、市区线、局域线）规划编制时，应进行全日客流、高峰小时断面客流、全日客运周转量和高峰小时客运周转量以及线路客流强度等重要指标分析。

3.9.3 轨道交通系统规划编制时，应根据城市用地结构规划、城镇体系发展规划确定网络形态、结构和系统模式，并对网络形态结构进行论证分析，并确定轨道交通线路走向及控制范围，确定车辆段、停车场规模与布局。

3.9.4 轨道交通线路走向应与客流走廊主方向一致。轨道交通线路长度大于 50 km 时，应选用快线；大于 40 km 时，宜选用快线。根据客流走廊的客流特征和运量等要求，可在同一客流走廊内布设多条轨道交通线路，结合运行效率考虑共轨或独立轨道模式。轨道交通站点 600 m 覆盖率宜参考表 3.9.4。

表 3.9.4 轨道交通站点 600 m 覆盖率指标参考值

轨道交通站点 600 m 覆盖率	中心城	主城区	新城
面积覆盖率	≥55%	≥40%	≥20%
人口覆盖率	≥65%	≥50%	≥30%
就业岗位覆盖率	≥70%	≥55%	≥30%

注：表中轨道交通不包括局域线。

3.9.5 中运量公交系统规划应在轨道交通线网建设与发展规划的基础上，确定中运量系统的规模及走向，进行系统制式比选分析，明确其功能与定位，明确其断面、设施（含站点及交叉口处理）以及运营组织规划，并与公共汽（电）车系统、轨道交通系统良好衔接。

3.9.6 公交专用道系统规划应根据道路系统规划、道路交通量分析、公交线网与客流分析、道路交通组织与管理等进行，并确定公交专用道的实施形式（高峰时段、白天时段、全天实施）、公交专用道总长度及具体分布。

3.9.7 公交线网规划应与轨道交通系统规划相协调，并根据轨道交通建设与运营情况调整其功能，调整与优化公交线网，根据服务功能划分网络等级。对公共汽（电）车车辆设施、场站设施提出规划要求，确定公交场站的位置和用地规模。

3.9.8 公共交通（不含轨道交通）线网密度规划指标宜按表 3.9.8 执行。

表 3.9.8　公交线网规划指标参考值

区域	线网密度(km/km^2)	站点 300 m 半径面积覆盖率
内环线及其以内地区	4～5	≥95%
内外环线间地区	3～4	≥80%
新城	≥3	≥60%
区域	线网密度(km/km^2)	站点 500 m 半径面积覆盖率
主城区	3～5	≥95%
城镇圈	2～3	≥90%

3.9.9　特定区域应鼓励校车、各类定制班车等辅助公交的发展，其他辅助公交宜根据实际需求确定。

3.9.10　应根据越江道路设施、轨道交通的发展，对水上客运设施的交通功能进行定位，对轮渡线布局、规模、形式、班次等进行规划论证。

3.9.11　出租车规划内容应包括出租车的功能定位、保有量规划、营运方式、营业站、候客站、扬招点总体布局原则及规模等。

3.9.12　新城与新市镇应对引入的公共交通的形式与制式进行论证，公共交通方式可按表 3.9.12 选择。

表 3.9.12　新城及新市镇内部公共交通方式选择

城区(镇区)人口规模(万人)	95%采用公共交通出行方式的最大出行时耗(min)	主要公共交通方式
<15	30	公共汽(电)车
15～50	35	公共汽(电)车、中运量公交系统
50～100	40	公共汽(电)车、中运量公交系统、轻轨

3.10　客运枢纽系统规划

3.10.1　城市客运枢纽按其承担的交通功能、客流特征和组织形式,分为城市综合客运枢纽和城市公共交通枢纽两类。城市综合客运枢纽服务于航空、铁路、公路、水运等对外客流集散与转换,可兼顾城市内部交通的转换功能。城市公共交通枢纽服务于以城市公共交通为主的多种城市客运交通之间的转换。

3.10.2 按照人性化、一体化、节约用地的原则,优化布局客运枢纽,统筹各种交通方式的衔接,加强客运枢纽机制协调。

3.10.3 客运枢纽系统规划的主要内容如下:

1 确定客运枢纽的规划功能等级、布局和用地规模控制标准。

2 提出相应的配套设施规划建设要求。

3.10.4 城市综合客运枢纽应依据城市空间布局布置,便于连接城市对外联系通道,服务城市主要活动中心。

3.10.5 城市综合客运枢纽宜与城市公共交通枢纽结合设置。城市综合客运枢纽必须设置城市公共交通衔接设施,主要的城市综合客运枢纽应有城市轨道交通衔接。

3.10.6 城市公共交通枢纽宜与城市大型公共建筑、公共汽(电)车首末站等地面公交场站以及轨道交通车站等合并布置,并应符合城市客流特征与城市客运交通系统的组织要求,充分考虑出租车规划设施要求。

3.10.7 新城、新市镇的客运枢纽规划应与城市用地规划同步进行,通过客运枢纽规划引导新城、新市镇用地空间布局的优化完善。

3.10.8 城市客运枢纽应鼓励立体综合开发,充分利用地下空间。在用地紧张地区建设的城市客运枢纽,应适当缩减枢纽用地面积,进行立体开发。

3.11 步行与非机动车交通系统规划

3.11.1 步行与非机动车交通系统规划应充分体现以人为本、环境友好的理念，依据安全、连续、方便、舒适的原则，将步行与非机动车交通系统和生态环境规划相结合，创造一个宜人的交通环境。具体规划原则应结合现行上海市工程建设规范《街道设计标准》DG/TJ 08—2293 和《上海市 15 分钟社区生活圈规划导则（试行）》的要求。

3.11.2 城市主要干道人行道规划应满足现行国家标准《无障碍设计规范》GB 50763 的相关要求。

3.11.3 城市应结合各类绿地、广场和公共交通设施设置连续的步行空间；当不同地形标高的人行系统衔接困难时，应设置步行专用的人行梯道、扶梯、电梯等设施连接。

3.11.4 应根据城市道路系统规划、轨道交通站点规划、城市商业布局及城市建筑规划要求，对行人过街设施提出规划要求。

3.11.5 应根据不同时期机动化、城市经济、公共交通等的发展水平，确定非机动车交通的功能与地位。

3.11.6 在道路系统规划时，除城市快速路主路等机动车专用路外，城市快速路辅路和其他各级道路均应设置连续的非机动车道，并宜根据道路条件、用地布局与非机动车交通特征设置非机动车专用路。

3.11.7 应根据住宅区、轨道交通站点和公共交通枢纽布局，对非机动车停车场提出规划要求，预留共享自行车停放空间。

3.11.8 结合旅游景点、环境保护区域、中心城公共交通欠发达区域、新城、商业办公用地集中区域以及公交薄弱的大型居民区，可规划布设公共非机动车存取点，加强城市非机动车系统建设。

3.11.9 道路断面设计时，应根据道路功能、系统要求以及城市空间组织要求，合理分配机动车、自行车、行人以及其他设施的空间。居住区、公共活动中心等行人主要活动区域，不应采用易产生非机动车与行人之间冲突的人、非共板形式的道路断面设计。

3.12 停车系统规划

3.12.1 停车系统规模配置应以配建停车设施为主、公共停车设施为辅、路内停车位为补充。

3.12.2 停车系统规划的内容应包括停车现状调查、停车需求预测、停车发展战略与布局规划、建筑物配建停车位标准、公共停车场布局规划等。

3.12.3 停车规划应确定不同停车策略分区。不同区域应配合交通需求管理要求，采用差别化的停车场规划标准，停车系统规划应与区域立体空间尤其是地下空间开发相结合，并对区域停车场设施进行充分整合，实现资源共享。

3.12.4 停车场地包括公共停车场(库)和配建停车场(库)两大类，两类停车场的位置和规模应相协调。

3.12.5 在符合公共停车场设置条件的城市绿地与广场、公共交通场站、城市道路等用地内，可采用立体复合的方式设置公共停车场。

3.12.6 独立公共停车场(库)的单体规模，以不超过500个泊位为宜；设置了公共停车场的周边道路，不应设置路内公共停车泊位。

3.12.7 应根据城市的货车停放需求单独设置货车停车场，或在公共停车场中设置货车停车位(停车区)。

3.12.8 停车场配建标准按现行上海市工程建设规范《建筑工程交通设计及停车库(场)设置标准》DG/TJ 08—7执行。

3.12.9 停车配建需考虑新能源汽车充电桩建设，建设标准按现行上海市工程建设规范《电动汽车充电基础设施建设技术规范》DG/TJ 08—2093执行。

3.12.10 机动车停车位供需矛盾突出的地区，可通过临时设置路内停车位作为机动车停车位供给的补充，学校、医院等处应设置临时停车泊位。

3.13 货运交通系统规划

3.13.1 城市货运交通按照“口岸物流互联、工业物流集中、城市物流分散”的原则，完善货运交通基础设施，调整优化物流运输结构。货运交通系统规划应包含货运枢纽及货运通道规划。

3.13.2 综合货运枢纽应以港口、机场、铁路货站为核心，服务口岸物流以及生活物资流通为主。宜满足江海联运、海铁联运、公铁联运等多种货运方式的高效协作，实现多式联运。场站规模可根据枢纽货运作业模式及运输量确定，尽量减少对环境的影响，提高对土地的集约化使用。

3.13.3 专业物流中心应依托特种运输及国家级、市级大型产业园区，选址结合工业用地或仓储物流用地设置。集疏运系统宜依托铁路货站、内河港区及公路运输通道；重大件货物、危险品货物以及海关监管等特殊货物应根据货物属性、运输特征和货运需求规划专用货运通道。

3.13.4 结合大型城市物流集散地及有大宗、大批货运分拨、分解业务需求等应布置物流配送中心。配送中心宜远离居住用地，靠近高快速系统，发展物流信息平台，提倡共同配送服务，提高配送效率。

3.13.5 服务城市、城区内部商场、超市、购物中心、办公集中地的配送节点，应结合商业、居住社区、办公服务设施综合布置配送服务网点及快递末端综合服务站，宜设置专用的配送车辆装卸车位，合理设置配送时间，避免对城市交通产生干扰；结合道路非机动车交通管理，可设置末端快递及外卖服务的专用电动自行车停车位。

3.13.6 货运通道规划应结合国家运输通道和区域运输格局及城市规划布局、货运枢纽的性质和服务需求，充分发挥各种交通运输方式的技术经济性。服务于过境货流及区域物流园区之间的中转联运通道，应避免对城区交通的干扰，可纳入城市对外交通规划；城市运输配送通道可采用时间、空间分离等管理方式实现客货分离，减少对客运交通的影响；各级货运通道的衔接组织、相关货运交通的需求应在城市道路网规划中予以落实。

3.14 交通管理

3.14.1 综合交通管理主要内容包括确定交通系统管理基础设施规划布局原则和建设要求，提出道路交通组织、交通需求管理、交通安全规划和交通节能规划等方面。

3.14.2 交通管理规划必须进行交通需求分析，对提出的交通组织管理方案进行分析评价和论证。

3.14.3 道路交通管理规划主要包括客货运交通分流规划、机动车与非机动车交通分流规划、公共交通优先通道规划等。

3.14.4 快速路系统出入口匝道设置应有配套的区域交通组织规划，并进行交通分析与论证。

3.14.5 应加强对网约车、分时租赁汽车等交通方式的管理政策制定和配套设施规划。

3.15 交通信息化

3.15.1 交通信息化规划应提出支持综合交通体系实施评估、建模分析等的交通信息采集、传输与处理要求，以及交通信息共享、发布的机制与设施、系统要求。

3.15.2 交通信息采集、存储包括城市和交通地理信息、土地使用和空间规划信息、交通参与者信息、交通出行信息、交通运行信息、交通事件和交通环境信息等。交通信息应整合政府与民间的信息资源，定期更新。

3.15.3 交通信息采集设施应覆盖城区，以及与城区联系密切的城镇，采集对象应包括主要交通设施和交通参与者。

3.15.4 城市交通信息共享和应用平台应具备交通出行基础性信息服务、交通运行状态监测与预报、交通运营管理、交通规划与决策支持等功能，并与城市“多规合一”平台相衔接。

3.16 规划实施与保障措施

3.16.1 应遵循有利于促进规划实施和管理的原则，提出规划的实施策略和措施。

3.16.2 规划实施与保障措施的主要内容应包括提出规划实施的管理机制和对策以及提出保障规划实施的技术经济政策和对策。

4　特定区域交通规划

4.1　一般规定

4.1.1　特定区域一般包括特定政策区、公共活动中心和大型交通枢纽，研究范围应包括周边主要干道围合区域。

4.1.2　主城区的特定区域应结合控制性详细规划和单元规划划定，新城、新市镇的特定区域应结合新城、新市镇总体规划划定。

4.1.3　特定区域中的大型交通枢纽一般指交通集散量较大的大型综合性交通枢纽，包括机场航空港、铁路场站、港口码头、公路场站、轨道交通车站、公交集散点等人流交换密集的地区。

4.1.4　特定区域交通规划应以上位综合交通规划为基础。

4.1.5　跨行政区域的特定区域的综合交通规划，应考虑长三角区域的发展规划和相关行政区域的规划，增加长三角区域交通模型的相关内容，建立特定区域的交通模型，并提出跨行政区域的规划实施管理机制和对策。

4.2　规划编制要求

4.2.1　特定区域交通规划编制应针对区域的特殊性开展相关交通调查，包括道路设施调查、道路车速调查、公共交通设施调查、公共交通客流调查、停车设施调查、机动车流量调查、非机动车流量调查、人流量调查及典型停车设施运行特征调查等。

4.2.2　特定区域交通预测分析应以本市和所属区域近远期经济、人口、用地、车辆发展情况、交通政策等作为宏观背景，根据区域的功能定位、土地开发强度等，预测分析交通发生总量、方式结构、分布等，其中综合交通枢纽应对不同交通方式的集散量、不同交通方式之间的换乘量进行预测分析。

4.2.3 特定区域交通规划应结合区域和功能确定规划方案，方案应包括轨道交通站点规划、中运量系统规划、公共汽（电）车规划、道路系统规划、停车系统规划、步行与非动车系统规划，涉及水上交通的还应有水上交通规划等，其中综合交通枢纽还应对枢纽内部的人流组织进行设计和分析。

4.2.4 特定区域人流集散量高，应坚持以集约公共交通为主，同时依“以人为本”原则构筑友好的非机动车和步行环境，提升人员出行质量。

4.2.5 特定区域道路系统规划应根据交通需求预测分析结果，以上位规划路网为基础，进行必要的优化调整，并进行相应的评估分析。

4.2.6 特定区域道路交通组织规划应通过机动车通道、非机动车通道、客运通道、货运通道、过境交通的组织等，进一步完善道路系统的使用功能和提高道路系统的运行效率。

4.2.7 特定区域交通规划应通过交通分析等各种技术手段，对实施规划方案后区域各主要道路和交叉口的交通运行状况作定量地评价分析，对规划目标予以落实。

4.2.8 特定区域步行系统规划应因地制宜地采用各种有效措施，创造宜人的步行空间，满足行人活动的要求，保障行人交通安全和交通连续性。步行系统由人行道、地下步行空间和过街设施及各类专用设施（如楼梯、坡道、电扶梯、自动人行道等）构成。规划宜对步行系统的容量和布局进行必要的分析论证。

4.2.9 特定区域人行道的净宽度宜在 3 m 以上，不同区域的人行道净宽度宜符合表 4. 2. 9 的相关规定。人行道应规划设置盲道、坡道等无障碍设施。

表 4.2.9　公共活动中心人行道净宽度规划指标

所属区域	单侧人行道净宽度(m)
中心城	≥5
新城、新市镇	≥3

本标准用词说明

1 为了便于在执行本标准条文时区别对待，对要求严格程度不同的用词说明如下：

1）表示很严格，非这样做不可的用词：

正面词采用“必须”；

反面词采用“严禁”。

2）表示严格，在正常情况下均应这样做的用词：

正面词采用“应”；

反面词采用“不应”或“不得”。

3）表示允许稍有选择，在条件许可时首先应这样做的用词：

正面词采用“宜”；

反面词采用“不宜”。

4）表示允许有选择，在一定条件下可以这样做的用词，采用“可”。

2 条文中指明应按其他有关标准执行的写法为：“应符合……的要求”或“应按……执行”。

引用标准名录

1 《城市综合交通体系规划标准》GB/T 51328
2 《城市综合交通调查技术标准》GB/T 51334
3 《无障碍设计规范》GB 50763
4 《建筑工程交通设计及停车场(库)设置标准》DG/TJ 08—7
5 《电动汽车充电基础设施建设技术规范》DG/TJ 08—2093
6 《街道设计标准》DG/TJ 08—2293

上海市工程建设规范

城市综合交通规划技术标准

DG/TJ 08—2039—2021
J 15567—2021

条 文 说 明

2021　上海

目　次

Contents

1 总　则

1.0.1 上海城市由中心城向长三角城市群区域、主城区、新城、新市镇拓展，原有综合交通规划重点是中心城和市域范围，新城、新市镇在编制总体规划时，缺乏规范化的交通规划编制，往往会导致城镇发展过程中引发的许多交通问题。市区许多交通比较敏感的特定区域，在进行区域用地开发或用地布局调整时，缺乏规范化的交通规划编制，也容易引发区域性交通问题。因此，为了引导和促进上海城市空间结构的战略调整和各项城市规划目标的实现，尤其是为中心城和郊区城镇的交通规划编制提供技术依据，根据本市的实际情况，制定本标准。

1.0.2 本标准适用于上海市各类城市规划，包括全市国土空间总体规划、单元规划、特定区域交通规划、郊区国土空间总体规划、新城总体规划、新市镇总体规划等交通规划的编制。本标准也适用于专项的城市综合交通规划的编制。

1.0.3 新市镇的人口达到一定规模时，应单独编制城镇综合交通规划。全市核心镇、中心镇均应单独编制综合交通规划。

1.0.5 交通敏感的特定区域是指交通比较复杂、易形成交通瓶颈等的特定区域，如大型交通枢纽等。

1.0.6 上海各类交通规划编制应参照本技术标准进行，本技术标准未进行规定的其他方面，包括技术指标等，应符合国家或行业有关标准、规范的规定。

2 术 语

2.0.6 中运量公交系统是介于常规公共汽电车与城市快速轨道交通之间的公交系统，因此与中运量的轨道交通系统的定义有所差异。通常，中运量轨道交通系统运能在10 000人次/h～30 000人次/h之间，而常规公共汽电车系统一般不超过6 000人次/h。基于这样的界定，中运量公交系统的运能规定在5 000人次/h～20 000人次/h比较合适。

3 综合交通规划

3.2 交通调查与分析

3.2.1 综合交通调查方案根据调查内容来制定，包括居民出行调查方案、车辆出行调查方案、停车调查方案、公共交通调查方案、对外交通调查方案等。交通调查内容主要有：

1 综合交通调查的内容应包括居民出行、机动车出行、对外交通、道路与公路交通、交通吸引点、公共交通、停车、货运、流动人口、交通相关信息等调查。

2 居民出行调查的成果应包括人员出行总量、出行目的构成、出行方式结构等；车辆出行调查成果应包括车辆拥有量发展、车种构成、私人小汽车发展、客货车出行特征、出租车出行特征等。

3 道路交通调查应包括城市道路与公路设施、城市道路与公路交通量、道路交通事故、车速调查等；公共交通调查应包括公交线网设施、公共汽（电）车客流、轨道交通客流等调查。

4 新城的综合交通调查除了调查新城内部出行特征外，还要重点调查新城与中心城之间的出行特征、新城至郊区其他地区的出行特征。

5 郊区新市镇交通调查的重点是新市镇与中心城之间、新市镇与新城之间、新市镇相互之间的出行特征。

3.2.2 居民出行调查应有一定的抽样率，这些抽样率是根据国际经验，结合上海历次综合交通调查、小样本调查的经验所确定，可根据不同类别的交通规划选取不同的值。全市综合交通规划中的综合交通调查已趋于成熟，因此重点应对新城、新市镇的抽样率进行规定。

3.2.4 市域或者中心城综合交通规划必须进行全市性综合交通调查；郊区的综合交通规划应针对郊区交通特征制定相应的区域交通调查；新城综合交通规划必须对原有老城进行综合交通调查。在老镇基础上规划建设的新市镇，其综合交通规划应有相应的交通调查内容。

3.3 综合交通与城市空间布局

3.3.1 在城市快速发展时期，综合交通体系与城市空间、用地布局协同，形成良好的城市活动体系是国土空间总体规划的重要任务，也是从源头管理交通需求，形成良好的交通与城市用地关系的关键。

在综合交通体系与城市空间布局协同中，重点是对出行距离的优化。城市交通量是出行次数与出行距离的乘积，出行距离是城市交通需求管理的核心。

出行距离优化主要在两个方面：①通勤出行距离的控制，通勤出行是居民出行距离控制的重心。通勤出行是城市高峰期的主要出行构成，而且随着居住地和就业地点的选择范围越来越广，通勤成为目前城市居民出行中距离最长、比例最高的出行目的，而且也是城市空间布局中职住优化的主要内容。通勤出行距离控制，一是通过城市的职住空间优化，使城市的职住空间匹配，缩短城市的通勤出行距离，避免单中心、摊大饼式的发展带来的大城市交通问题；二是发挥组团布局的优势，在城市用地功能布局规划中，避免大量跨区、跨组团就业，将城市活动的绝大部分控制在配套完善的组团和分区内，城市交通按照组团和片区进行分区组织，组团内、片区内与组团间、片区间的路权分配、价格等要体现出交通组织的意图，鼓励组团内和片区内的出行，减少居民跨区出行，降低整个城市的交通出行距离。②生活出行的距离控制，生活出行距离控制是城市宜居和居民生活便利的主要体现。生活出行的弹性大、选择多样。居住区级公共服务设施配套完善，可以保障旧城区生活出行距离基本控制在步行尺度范围内。因此，城市各级公共服务，尤其是居住区生活服务配套设施应均衡布局，形成 15 min 步行距离的生活服务圈，大幅度减少居民生活出行距离，将生活出行控制在步行与自行车活动的范围内。

3.3.3 交通设施供应和服务也应根据城市功能与土地使用强度进行差异化提供。在城市土地使用高强度地区，交通活动的强度大，应提高综合交通体系的承载力，并更加突出集约和绿色交通优先。首先，应提高总体交通设施的密度，缩小交通设施的服务半径，如道路、公交、停车、步行与非机动车，特别是通过实施街区开放等措施，加强步行与非机动车交通空间保障；其次，通过交通需求管理和交通设施的建设，保障公共交通优先，缩短公共交通的站距、加密公共交通设施，如加大站点、轨道交通站点出入口等的密度。

3.4 交通战略与需求预测

3.4.2 应分析近远期区域或城镇的人口、就业岗位总体规模及分布情况，分析近远期区域或城镇的城市化进程。

1 应对区域或城镇近远期的经济增长水平、产业结构变化进行预测分析。

2 应对区域或城镇近远期机动车增长水平、机动车构成进行趋势判断。

3 应分析预测近远期区域或城镇居民出行总量、机动车出行总量。

4 应分析预测近远期区域或城镇对外交通客货运总量。

3.4.3 明确不同交通方式的功能定位，预测未来可能会出现的几种交通供需状况；发展原则中要确定城市交通在各个时期内的发展重点和基本思路；发展目标上要反映城市交通体系在各个阶段的运行水准和基本特征。

3.4.4 上海坚持公共交通优先发展战略，鼓励绿色出行，合理引导和调节小客车需求。《上海市城市总体规划（2017—2035 年）》提出，中心城确立公共交通在机动化出行中的主导地位。要保持各类交通政策的一致性，充分发挥交通政策的引导作用。通过合理的制度设计，分清政府和市场职责，充分发挥市场价格机制在交通资源配置中的中心作用。交通工具停放空间的配给，一方面应考虑交通网络的承载能力，另一方面也要结合动态运行情况，采取差别化的停车建设管理策略，精细化调控停车资源与需求。交通政策的核心是要确定城市交通的模式选择，是发展公共交通还是小汽车交通，确定公共交通与小汽车交通的使用空间和时段分布。城市交通政策要提出近期内的行动计划，以实现近期发展的各项目标。

3.5 城市交通体系协调

3.5.3 依据城市综合交通体系总体发展目标和交通资源配置策略，统筹城市综合交通体系功能组织，提出规划布局原则和要求。

3.6 规划实施评估

3.6.1 在传统的规划"编制—实施"单线模式基础上，通过引入具有跟踪监测和动态调校作用的规划实施评估机制，开展规划评估工作，形成"编制—实施—评估—调整"的滚动闭环，为修订与编制新一轮城市综合交通体系规划提供依据。城市综合交通体系规划实施评估应与市国土空间总体规划的实施评估、动态监测和"城市体检"同步进行，符合《城市总体规划实施评估办法（试行）》

要求，原则上每两年进行一次。

3.6.2 综合交通体系规划实施评估应综合采用定性与定量相结合的评估手段。定性评估可采用专家评估、公众评估等形式，由专家分析城市综合交通体系发展的关键问题，提出专业性、建设性的评估结论和意见，或由市民给出满意程度、发展愿景和意见。定量评估应根据规划实施情况和综合交通体系规划的指标体系，依托科学可靠的基础数据和技术手段，衡量各项指标的数值水平和变化趋势，提供量化的交通发展描述和规划评估结论。在分析评估的基础上，应提出对于规划修订、编制和实施具有反馈作用的建议。

对城市空间布局与交通系统协调的评估，主要通过交通发展与城市空间开发、人口和岗位变化的关联性分析，评估交通发展对城市空间布局的影响。

3.7 对外交通规划

3.7.2 对外交通需求预测应包括流量与流向预测。其中，货运量预测应分货种进行；港口货运量预测除分货种外，还应对集装箱货运量进行专门预测；重要港口货运预测应包括到达量、发送量及中转量预测；中转量预测应分方向进行。

3.7.8 机场与所服务城市之间的交通联系必须得以保证，应以集约型公共交通作为机场的主要集疏运方式，并应设置专门服务于机场集疏运的专线线路。对规划年旅客吞吐量超过 2 000 万人次的机场引入城际铁路衔接；宜设置城市轨道交通接驳；应设置机场专线巴士、城市公共汽（电）车或公路客运站接驳；应设置出租车上、落客区，蓄车区，社会车上、落客区，停车场；应设置 2 条及以上高速公路或城市快速路衔接。

3.7.13 应明确铁路货运站的功能分工与布局，并与城市货运物流系统规划进行衔接，铁路货运站宜布置在中环线以外的地区，并远离居住区，其中危险品、工业货运站等应布置在郊区。

3.8 道路、公路系统规划

3.8.1 道路网络指标的确定应结合上海不同建成区域的实际情况，参照国家标准来确定，中心城尤其是市中心道路网络的扩展受限制，外围区、新城、新市镇道路新建与改扩建相对宽松：新城、新市镇的道路网络规划在结合上海郊区城镇体系规划的基础上，参照国家相关标准。当道路网络扩展受限制时，采用下限值；新城和新市镇道路网络指标不宜超过上限值，保证城市用地资源的合理分配。

3.8.9 公路与城市道路的衔接主要考虑衔接道路的技术等级相近、合理过渡和交通顺畅。

3.9 公共交通系统规划

3.9.1 随着上海轨道交通线网规模的不断扩展，轨道交通在城市公共交通中发挥骨干作用，原来的地面公交线网规模、线网密度应进行相应的调整。上海将在既有市域轨道交通和公共汽(电)车系统基础上，构建由铁路、城市轨道、公共汽(电)车和辅助公交等构成的多模式公共交通系统，形成市域线、市区线、局域线等 3 个层次的轨道交通网络，提供因地制宜的公共交通服务。因此，更加强调叠加线网及站点的覆盖率，从整体上反映公共交通网络的设施供应水平要求。不同区域公共交通站点覆盖率有不同的要求，市中心人口密度高，对公交的依赖性高，站点覆盖率要求高，郊区则相对低，故线网密度指标有上、下限。

3.9.2 结合城市规划，在各目标年对轨道交通线路客流交通进行预测分析。高峰小时断面客流指在高峰小时通过轨道交通线路某一地点的客流量。客运周转量为运送乘客的数量与平均运距的乘积。客流强度是客运量与线路里程的比值。

3.9.9 辅助公交运营模式包括校车、定制班车、定制公交、辅助公交专线、接驳公交、需求响应公交、出租车、共享自行车、越江轮渡等多种形式。更适合服务规模较小的客流，支撑和弥补常规公交的服务空白区。

3.9.12 新城、新市镇公交交通方式选择借鉴国际大都市区综合交通体系的经验，结合上海市域城镇体系规划等。

3.10 客运枢纽系统规划

3.10.1 无论是对既有枢纽的改造，还是对新建枢纽的科学规划，都是在对枢纽进行准确的功能定位的基础上完成的。城市综合客运枢纽作为城市重大基础设施建设项目，应首先遵循国土空间总体规划、综合交通规划，根据上位规划，确定其在城市客运体系中所承担的功能。枢纽功能定位的内容包括：

1 区位特征：区位特征是指枢纽所在城市的位置、枢纽周边土地开发现状与规划等，并着重分析枢纽与城市发展的关系。

2 类型：按照本标准的城市综合客运枢纽分类标准，明确枢纽的分类，城市对外综合客运枢纽着重分析其在全国同类客运枢纽体系的地位和功能；城市内部综合客运枢纽着重分析其在城市综合客运枢纽体系中的地位和功能。

3 交通方式构成：包括航空、铁路、长途客运、轨道交通、地面公交、小汽车、出租车、非机动车和步行。通常，一个枢纽会包含以上几种交通方式，根据枢纽的功能定位应首先明确枢纽内所包含的交通方式。通常，枢纽内轨道交通的衔接应依据上位规划确定；地面公交、非机动车是枢纽内必不可少的组成部分；出租车应根据枢纽周边用地的情况确定；小汽车应根据枢纽所在区位和上位规划综合考虑后确定，一般而言，位于核心地区的枢纽通常不安排小汽车接驳；长途客运、铁路、航空应根据上位规划确定。

4　服务范围:枢纽对外交通方式应明确其服务方向、客流方向分布比例等;内部交通方式应明确各交通方式的服务人群性质(例如:区域通勤客流、枢纽对外交通方式接驳客流)及比例,公交应明确其服务的区域范围、方向、强度。

3.11　步行与非机动车交通系统规划

3.11.6　除城市快速路主路、步行专用路等不具备设置非机动车道条件的道路外,城市快速路辅路及其他各级城市道路均应设置连续的非机动车道。

3.11.7　轨道交通是上海公共交通的骨干,非机动车是上海轨道交通的重要驳运方式。因此,对轨道交通车站周边的非机动车通道系统、停车系统应根据车站客流规模提出规划要求。结合轨道交通车站、商业网点的地下空间开发,使上海城市空间开发由地上为主转向地上、地下相结合。

3.12　停车系统规划

3.12.3　停车分区划分:不同区域的开发强度与交通供应水平不同,其停车特点和停车需求不同。根据现行上海市工程建设规范《建筑工程交通设计及停车库(场)设置标准》DG/TJ 08—7,采用区域差别策略,将本市分为三类区域,即一类区域、二类区域和三类区域。

3.12.9　电动汽车充电桩设施建设应按现行上海市工程建设规范《电动汽车充电基础设施建设技术规范》DG/TJ 08—2093 和《关于进一步加强本市电动汽车充电基础设施规划建设运营管理的通知》(沪交科〔2016〕859 号)要求,新建住宅配建停车位应 100%建设充电设施或者预留建设安装条件(包括预留充电设施、管线桥架、配电设施、电表箱安装位置及用地,电力容量预留、管线预埋)，鼓励在公共停车位配建一定数量的充电设施。新建和已建的公共换乘(P+R)停车场、新建居民生活小区停车场、新建超市/大卖场等商业中心停车场、新建商务楼宇停车场、各级政府大楼、学校等公共事业单位停车场、具备停车条件的道路停车场配置充电桩的停车位比例不低于总停车位的 10%。原有居民生活小区停车场、大型居住社区停车场、超市/大卖场停车场、商务楼宇停车场以及政府大楼附近的公共停车位等配置充电桩的停车位比例可视实际情况确定。

3.13 货运交通系统规划

3.13.1 根据城市产业布局和物流节点，确定城市货运枢纽、场站的规划布局、规模和用地控制指标。

1 货运通道分为过境及中转通道、城市运输配送通道两类。

2 过境及中转通道服务于区域过境货流以及物流园区之间的中转联运，物流方向及使用者相对明确，一般纳入城市对外交通规划，总体原则为一律绕城、严禁穿越。

城市运输配送通道服务于中心城区流通企业和各类市场，物流方向及使用者相对不确定，主要利用中心城区内快速通道，总体原则为客货分离，尽量降低对城市客运影响，可采用空间分离管理、分时段禁行等多种管理方式。规划中需综合考虑大型市场、商场、超市、购物中心、配载中心等的分布，重视各级货运通道的衔接组织，相关货运交通的需求应在城市道路网规划中予以落实。

3.13.2 货运枢纽用地会有大量的货运车辆进出，同时，货运枢纽也提供了一定的就业机会，人员的集聚将会进一步增加周边交通设施的承载压力。因此，一般单个规模不宜超过 1 km^2。若单个货运枢纽的用地规模超过 1 km^2，则必须针对用地周边的交通基础设施进行集疏运系统的专项研究。

3.14 交通管理

3.14.1 交通管理

城市交通管理可分为交通需求管理和交通系统管理。

城市交通需求管理，应根据城市交通现状与交通管理的发展水平，从出行替代模式、土地开发利用、经济政策、交通方式管理、公共交通优先、货运管理等方面采取相应对策和措施。

交通系统管理把公共交通、小汽车、非机动车、步行等交通方式作为整体交通运输系统的组成部分，通过运营、管理和服务政策来协调各组成部分，取得系统整体最大交通效益。交通系统管理措施主要包括公共交通运行管理、停车管理、行人和非机动车管理、优先通行管理、交通工程技术措施、交通限制措施、货运交通管理、收费管理等。

3.15 交通信息化

3.15.1 交通信息化

交通信息化是建设智能交通系统的基础，应重点考虑三个方面：①面向交通决策部门，建设长效化、定量化的科学决策支持系统，建立交通年报、交通评估信息基础；②面向管理部门，建设数字城市、动态监测、智能交通等数据库与应用系统；③面向用户，建设出行指引、动态导航、应急响应等交通信息发布与服务系统。

交通信息系统的建设应立足现状，结合需求，统一标准，整体筹划，分块设计，分期实施。从宏观角度分析各层面交通信息需求，包括交通规划与决策部门、交通管理部门和交通用户（出行者和货运商）信息需求。在交通信息需求分析基础上，进行总体功能控制性规划设计，确定子系统之间的接口衔接关系，明确子系统的外部关联，进行子系统的详细设计。

建立交通信息数据库，进行交通数据的存储、管理与共享。对于已经形成数据库形式的交通信息，通过技术手段继续对各部门的数据进行整合、实现共享；对于尚未形成数据库形式的交通信息，应加强数据的资源整合。在明确共享信息平台目标与责任的基础上，建立长效信息资源管理与运营机制。交通信息共享应对公路、铁路、水路、航空等各种交通方式和运管、车管、治安等多个管理领域的交通信息资源进行统一管理。

交通信息共享标准包括基础性标准和应用性标准。基础性标准包括信息分类与编码、数据字典、数字地图标准、数据管理机制；应用性标准包括元数据标准、数据交换技术规范、数据传输协议、数据质量控制方法等。

交通信息的共享数据类别包括道路技术数据、交通流特征数据、出行 OD 数据等。

3.16 规划实施与保障措施

3.16.1 遵循有利于促进规划实施和管理的原则，提出规划的实施策略和措施。

1 提出规划实施的管理机制和对策

完善城市综合交通发展的制度体系，建立多部门共同参与城市综合交通规划、建设、管理和运行的体制、机制，推进开展城乡规划和重大建设项目的交通影响评估工作等。

2 提出保障规划实施的技术经济政策和对策

提出城市公交优先和慢行友好的发展政策、交通需求管理和交通系统管理协调发展政策、基于 TOD 策略的地区用地预控政策、交通基础设施建设的投融资政策等。

4 特定区域的交通规划

4.1 一般规定

4.1.1 特定区域是规划部门认定要进行交通规划编制的地区，重点是特定政策区、公共活动中心和大型交通枢纽。特定政策区如长三角一体化示范区、上海自贸区临港新片区、虹桥商务区、上海国际旅游度假区、张江科学城等；公共活动中心如徐家汇地区、人民广场地区、陆家嘴地区、中山公园地区、五角场地区、北外滩地区、世博园地区、长风公园地区等；大型交通枢纽如上海火车站、上海南站、浦东综合交通枢纽、虹桥综合交通枢纽等区域。特定区域应该有一定规模的范围，否则会与交通影响评价混淆。

4.2 规划编制要求

4.2.4 特定区域交通规划编制要特别强调其特殊性，是一种中微观相结合的交通规划。特定区域中相关规划技术指标可按相关技术规范进行。

4.2.9 按上海市工程建设规范《街道设计标准》DG/TJ 08—2293—2019 中表 8.2.1，主要商业街步行道适宜宽度（设施带、步行通行区和建筑前区总宽度）为 5 m。